50 PREGUNTAS Y RESPUESTAS SOBRE EL CORONAVIRUS (COVID-19)

Iván Sanz Muñoz
José María Eiros Bouza
Sonia Tamames Gómez
Silvia Rojo Rello
Marta Domínguez-Gil Gónzalez
Virginia Fernández Espinilla
José Javier Castrodeza Sanz
Alberto Pérez Rubio
Raúl Ortiz de Lejarazu Leonardo

Es propiedad de: © 2020 Amazing Books S.L. www.amazingbooks.es

Director editorial: Javier Ábrego Bonafonte

P.° de la Independencia N.° 24-26. 8ª planta, oficina 12. 50004 Zaragoza España.

Primera edición. Marzo de 2020

ISBN: 978-84-17403-65-2

DEPÓSITO LEGAL: Z 551-2020

Cómo citar este libro: 50 PREGUNTAS Y RESPUESTAS SOBRE EL CORONAVIRUS (COVID-19), 1ª edición, 2020. Iván Sanz Muñoz, José María Eiros Bouza, Sonia Tamames Gómez, Silvia Rojo Rello, Marta Domínguez-Gil Gónzalez, Virginia Fernández Espinilla, José Javier Castrodeza Sanz, Alberto Pérez Rubio, Raúl Ortiz De Lejarazu Leonardo. Editorial Amazing Books, ISBN 978-84-17403-65-2.

La imagen incluida en la cubierta es de 123RF y la ilustración del interior está realizada por el Dr. Iván Sanz Muñoz. Para cualquier aclaración al respecto diríjanse escribiendo a la siguiente dirección de e-mail: **info@amazingbooks.es**

Sumario

Bloque 1.
Conceptos generales sobre los coronavirus

(José María Eiros Bouza y Alberto Pérez Rubio)

1. ¿Qué es un coronavirus? 15

2. ¿Por qué se llaman coronavirus? 15

3. ¿Ha habido brotes producidos por otros coronavirus anteriormente en Europa o en otras partes del mundo?.. 16

4. ¿Hay otros coronavirus que infecten al ser humano? 17

5. ¿Qué diferencias hay entre el COVID-19 y el SARS-CoV-2?........ 17

Bloque 2.
Ecología y evolución del virus

(Iván Sanz Muñoz)

6. ¿Por qué en los últimos 20 años ha habido apariciones continuas de nuevos virus o reemergencias de otros? ¿Cuáles son las causas que facilitan la aparición de virus emergentes y reemergentes?........ 21

7. ¿Por qué la aparición de este tipo de virus se da con más frecuencia en países como China?........ 21

8. ¿Cuál ha sido el origen de este nuevo coronavirus?

9. ¿Qué significa que el SARS-CoV-2 sea una zoonosis? 22

10. ¿A qué se debe la rápida propagación de este nuevo coronavirus en el ser humano?........ 24

11. Los medios de comunicación dicen frecuentemente que el SARS-CoV-2 ha mutado, ¿es cierto? 24

12. ¿Qué diferencias existen entre el brote del SARS-CoV-2 del año 2019-20 y otros brotes anteriores causados por otros coronavirus como el SARS-CoV y el MERS-CoV? 25

Bloque 3.
Vigilancia y epidemiología del COVID-2019

(Sonia Tamames Gómez)

13. ¿Por qué la OMS declaró el brote de SARS-CoV-2 como pandemia el día 11 de marzo de 2020? 29

14. ¿Qué nivel de propagación está presentando el SARS-CoV-2? ¿Qué es el número reproductivo básico (R0)? 29

15. ¿Cuáles son las vías de transmisión del nuevo coronavirus? 30

16. ¿Puede haber transmisores asintomáticos? 30

17. ¿Qué es un «superdiseminador»? 31

18. ¿Cuáles son los países que más riesgo presentan por el nuevo coronavirus? 31

19. ¿Qué tasa de letalidad presenta el COVID-19 y por qué esta es diferente según el país y la edad de los pacientes? 32

20. ¿Cuánto tiempo puede permanecer viable el SARS-CoV-2 sobre una superficie? 32

Bloque 4. Patogenia y sintomatología de la infección por SARS-CoV-2

(Marta Domínguez-Gil González)

21. ¿Cuál es el periodo de incubación de la enfermedad? 35

22. ¿A partir de que día el paciente comienza a ser infeccioso? 35

23. ¿Cuáles son los signos y síntomas que presenta la enfermedad producida por el COVID-19? 36

24. ¿Existen signos y síntomas patognomónicos de esta enfermedad? 36

25. ¿Qué otras enfermedades pueden confundirse con el COVID-19? 37

26. ¿Por qué la mortalidad es más elevada en pacientes mayores de 65 años y con patologías previas? 37

27. ¿Por qué la enfermedad no parece afectar apenas a los niños? 38

28. Tras la infección, ¿se crea inmunidad frente al virus? 38

29. Tras la curación, ¿los pacientes pueden seguir siendo infecciosos? 39

Bloque 5.
Diagnóstico microbiológico del nuevo SARS-CoV-2

(Silvia Rojo Rello)

30. ¿Cuáles son los métodos más útiles para diagnosticar el SARS-CoV-2 en el laboratorio?....43
31. ¿Por qué es necesario utilizar controles positivos y negativos en el diagnóstico molecular, sobre todo cuando existen pocos casos o se realiza el cribado de pacientes de la comunidad?....43
32. ¿Ha de ser inactivada la muestra cuando se va a trabajar con ella para su diagnóstico?....44
33. ¿Qué condiciones de bioseguridad debe tener un laboratorio para manejar una muestra sospechosa de infección por SARS-CoV-2? ¿Y para su cultivo?....44
34. ¿Qué tipo de muestras son válidas para realizar la identificación microbiológica del nuevo coronavirus en los pacientes infectados?....45

Bloque 6.
Manejo y tratamiento de los enfermos

(José Javier Castrodeza Sanz y Virginia Fernández Espinilla)

35. ¿Cuáles son los criterios clínicos y epidemiológicos para determinar si un caso es sospechoso?....49
36. ¿Se debe realizar aislamiento hospitalario a todos los pacientes, incluso a los leves?....51
37. ¿Cuáles son los mejores consejos para aquellos pacientes que requieran aislamiento domiciliario?....51
38. ¿Cuál es el tratamiento que se debe realizar a los pacientes afectados por COVID-19?....53

39. ¿Cuáles son las medidas de soporte? 53
40. ¿Existen antivirales específicos frente al nuevo coronavirus? 54
41. ¿Sirven de algo los antivirales ya existentes frente al COVID-19? 55
42. ¿Se deben utilizar antibióticos? 56

Bloque 7.
Manejo de la epidemia, investigación y perspectivas de futuro

(Raúl Ortiz de Lejarazu Leonardo)

43. ¿Cuáles son las razones por las que la Organización Mundial de la Salud (OMS) ha declarado el brote del SARS-CoV-2 como PHEIC (emergencia sanitaria de preocupación internacional)? 59
44. ¿Qué riesgo tienen los sanitarios de infectarse por el nuevo coronavirus? ¿Y la población? 60
45. ¿Se está haciendo todo lo posible para evitar la propagación del nuevo coronavirus? ¿Está España preparada? 61
46. ¿Cuáles son las mejores medidas para evitar la propagación del virus? ¿El aislamiento domiciliario es efectivo? 61
47. ¿Debe estar asustada la población española frente a una eventual aparición de casos confirmados en nuestro país? 62
48. ¿Cuándo podría estar disponible una vacuna frente al nuevo coronavirus? ¿A qué se debe que se tarde tanto en producir una nueva vacuna? 62
49. ¿Existen otras vacunas ya disponibles que ayuden a luchar contra el nuevo coronavirus? 63
50. ¿Cuáles son los posibles escenarios que se pueden presentar en el actual brote del nuevo coronavirus? 63

EQUIPO DE AUTORES

IVÁN SANZ MUÑOZ

Responsable Científico y de Vigilancia Virológica. Centro Nacional de Gripe de Valladolid, España.

JOSÉ MARÍA EIROS BOUZA

Catedrático. Jefe del Servicio de Microbiología. Facultad de Medicina. Hospital Universitario Río Hortega. Valladolid. Director del Centro Nacional de Gripe de Valladolid, España.

SONIA TAMAMES GÓMEZ

Técnico Facultativo del Servicio de Información de Salud Pública.

SILVIA ROJO RELLO

Licenciada Especialista Adjunto. Servicio de Microbiología e Inmunología. Hospital Clínico Universitario de Valladolid.

MARTA DOMÍNGUEZ-GIL GÓNZALEZ

Licenciada Especialista Adjunto. Servicio de Microbiología. Hospital Universitario Río Hortega.

VIRGINIA FERNÁNDEZ ESPINILLA

Jefa de la Unidad de Medicina Preventiva y Salud Pública. Hospital Clínico Universitario de Valladolid.

JOSÉ JAVIER CASTRODEZA SANZ

Jefe del Servicio de Medicina Preventiva (MP) y Salud Pública (SP) del Hospital Clínico Universitario de Valladolid. Profesor Titular de MP y SP de la Universidad de Valladolid, España, y Catedrático Acreditado en MP y SP por la Aneca.

ALBERTO PÉREZ RUBIO

Subdirector Médico de Coordinación de Procesos, Hospital Clínico Universitario de Valladolid, Valladolid, España.

RAÚL ORTIZ DE LEJARAZU LEONARDO

Consejero Científico del Centro Nacional de Gripe de Valladolid y Profesor de Microbiología MD, PhD.

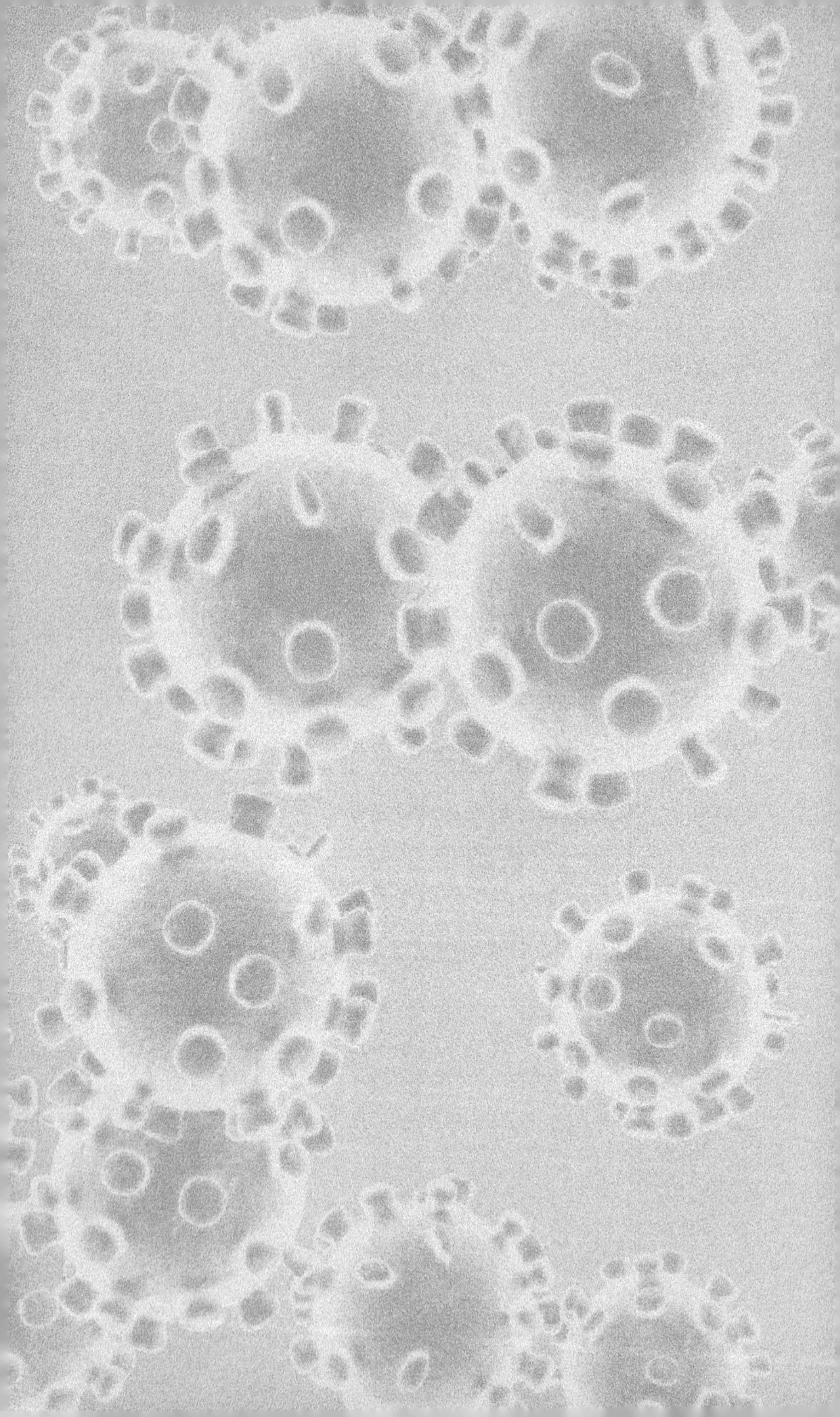

BLOQUE 1

CONCEPTOS GENERALES SOBRE LOS CORONAVIRUS

José María Eiros Bouza y Alberto Pérez Rubio

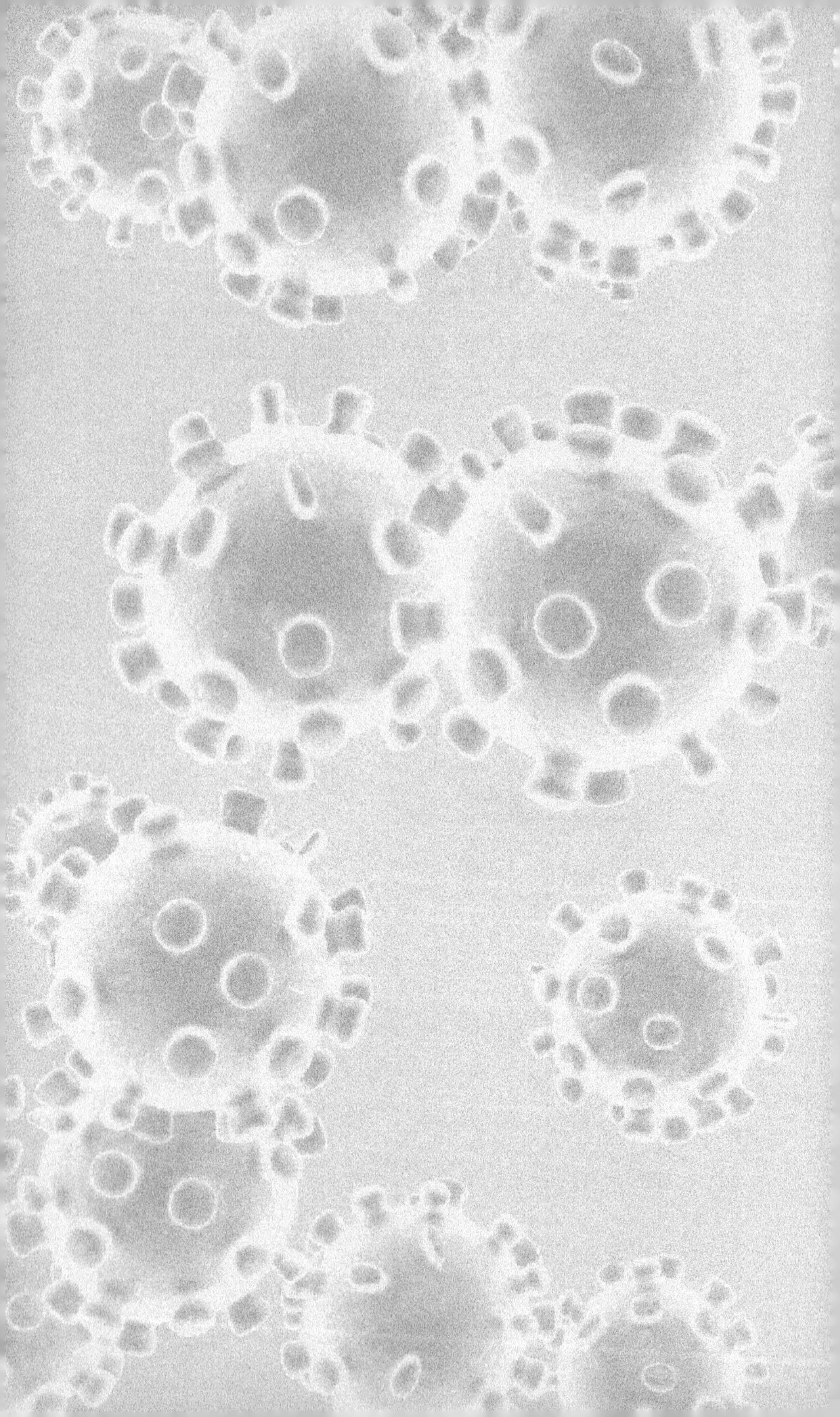

BLOQUE 1

CONCEPTOS GENERALES SOBRE LOS CORONAVIRUS

José María Eiros Bouza y Alberto Pérez Rubio

1. ¿Qué es un coronavirus?

Los coronavirus son una familia de virus de tamaño medio (140 nm) cuyo genoma está compuesto por ARN monocatenario de polaridad positiva con un extremo 3´ poliadenilado. Están provistos de cápside de simetría helicoidal y membrana de envoltura de forma esférica, en donde se anclan diferentes tipos de espículas proteicas. En la actualidad, se han descrito más de 30 especies de coronavirus que afectan a distintas especies de animales domésticos y peridomésticos (perros, gatos, cerdos, vacas, caballos, etc.) y salvajes de mayor o menor proximidad al entorno humano (roedores, hurones, mapaches, civetas, murciélagos, etc.). Algunos de ellos a partir de sus ecosistemas naturales pueden saltar entre diferentes especies y de ellas al ser humano.

2. ¿Por qué se llaman coronavirus?

Los coronavirus toman su nombre por el aspecto de corona solar que presentan las proyecciones o espículas de las glucoproteínas de su membrana de envoltura, cuando estas se observan en el microscopio electrónico. Estas proyecciones tienen el aspecto de cabezas de alfiler. Se integran en la familia *Coronaviri-*

dae del orden de los Nidovirales (en referencia a su transcripción que origina ARNm «anidados» o subgenómicos). La familia se divide en varios géneros, como son el α, β, γ y δ, que se corresponden con los antiguos géneros 1, 2, 3 y 4.

3. ¿Ha habido brotes producidos por otros coronavirus anteriormente en Europa o en otras partes del mundo?

Asistimos por tercera vez en dos décadas a una situación en la que un coronavirus zoonótico salta desde los animales al ser humano, y demuestra su capacidad para progresar en nuestra especie. En anteriores ocasiones otros coronavirus también han suscitado emergencias sanitarias. En el año 2003, un brote originario en el sur de China (en la provincia de Guangdong) por un coronavirus ocasionó el SARS («síndrome agudo respiratorio severo o grave»), cuyo primer caso se declaró en febrero del año 2003 en Hanói (Vietnam). La enfermedad se propagó a más de dos docenas de países en América, Europa y Asia, antes de que se pudiera contener el brote, del que se registraron en todo el mundo algo más de 8000 casos, de los que fallecieron alrededor del 10 %. Este virus se transmitió desde el murciélago herradura al hombre a través de huéspedes intermedios, como las civetas, y con posterioridad de persona a persona por vía respiratoria.

En el año 2012, se identificó en Arabia Saudita el Síndrome Respiratorio por Coronavirus de Oriente Medio (MERS-CoV). Este virus se mantiene actualmente activo en distintos países y ocasiona un cuadro febril de transmisión interhumana con tos e insuficiencia respiratoria. Se han declarado desde su inicio en torno a 2500 casos con una mortalidad cercana al

35 %. Sin embargo, a diferencia del SARS-CoV, los brotes de MERS-CoV, aunque son graves, son muy limitados, ya que la gran mayoría se producen por saltos independientes del virus desde los camélidos a humanos, y originan cadenas cortas de transmisión del virus.

4. ¿Hay otros coronavirus que infecten al ser humano?

Los coronavirus humanos que conocemos a día de hoy pertenecen a dos géneros: coronavirus alfa (HCoV-229E y HCoV-NL63) y coronavirus beta (HCoV-HKU1, HCoV-OC43, coronavirus del síndrome respiratorio agudo grave [SARS-CoV], coronavirus del síndrome respiratorio de Oriente Medio [MERS-CoV] y el recientemente descrito como SARS-CoV-2, que representa el séptimo coronavirus con repercusión directa en la salud humana). Las infecciones por coronavirus tienen una distribución mundial y ocasionan hasta la tercera parte de las infecciones respiratorias agudas comunitarias, predominando, sobre todo, a finales del otoño, en el invierno y comienzo de la primavera.

5. ¿Qué diferencias hay entre el COVID-19 y el SARS-CoV-2?

La OMS decidió renombrar COVID-19 a la enfermedad producida por el nuevo coronavirus causante del brote iniciado en Wuhan (Hubei), en China, a finales de 2019, aludiendo al acrónimo en inglés *Coronavirus Infectious Disease y al año de su aparición, para evitar estigmatizaciones geográficas. El Comité Internacional de Taxonomía de Virus ha denominado al virus causante del COVID-19 como SARS-CoV-2, por su similitud (80 %) con el SARS-CoV del año 2003.*

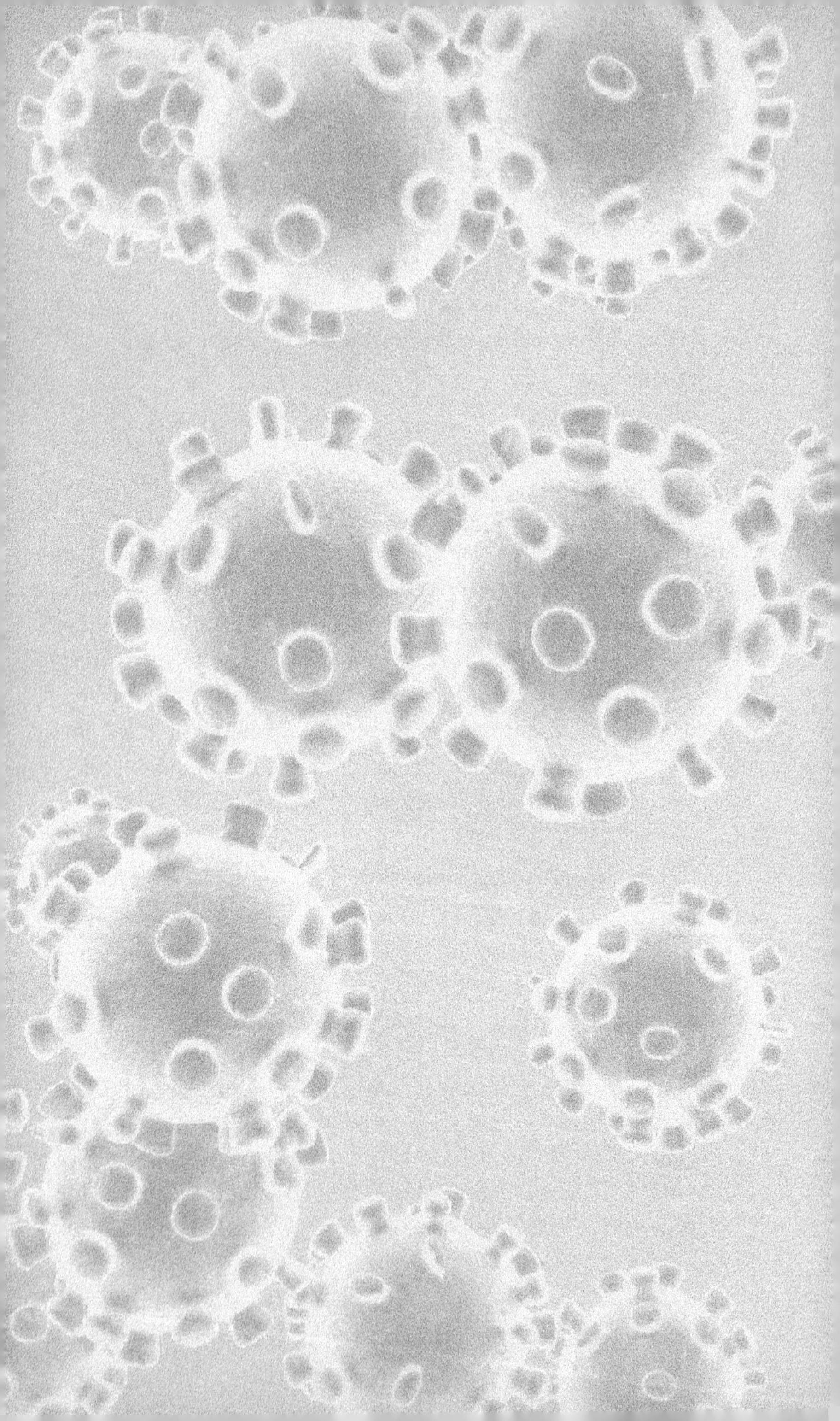

BLOQUE 2

ECOLOGÍA Y EVOLUCIÓN DEL VIRUS

Iván Sanz Muñoz

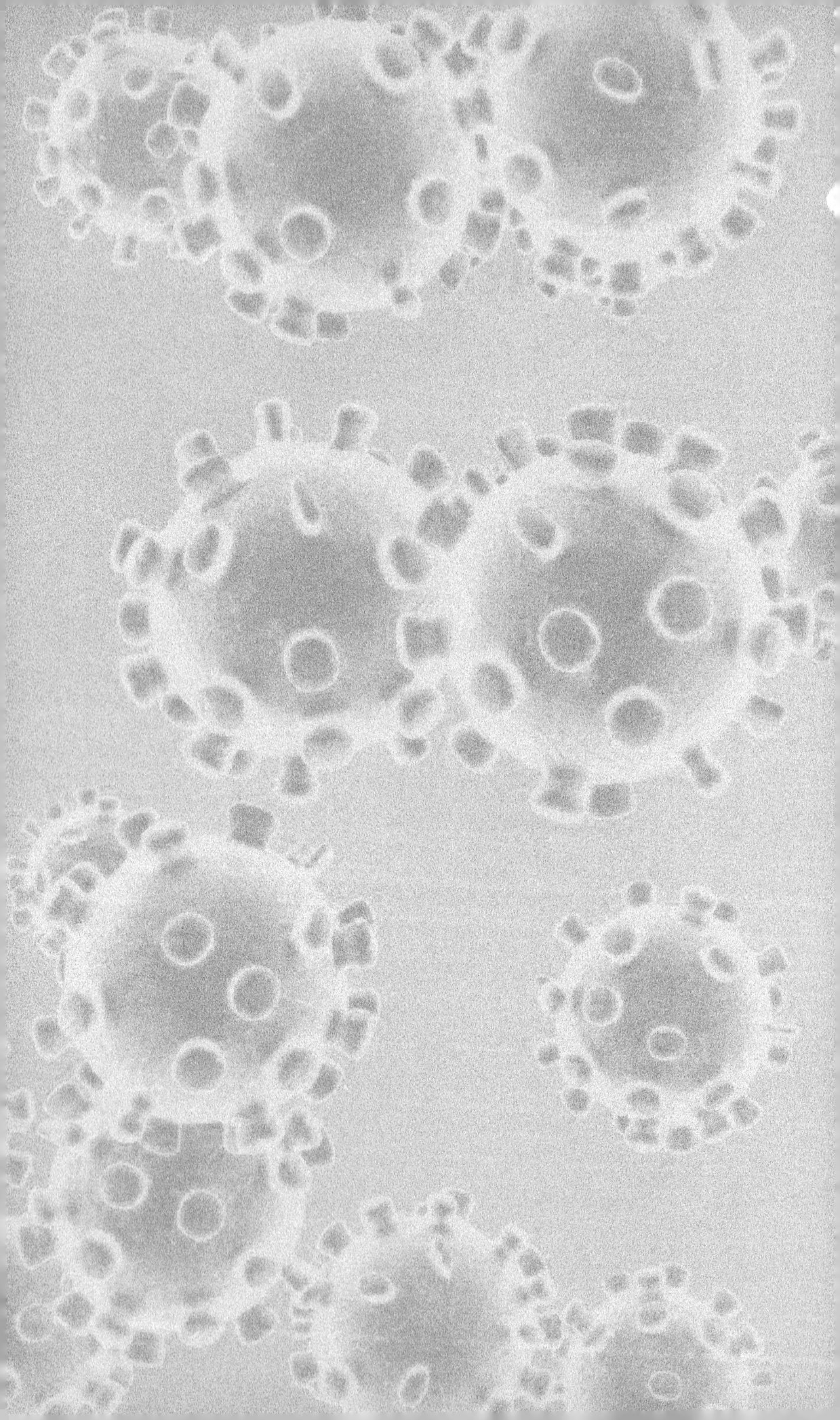

BLOQUE 2

ECOLOGÍA Y EVOLUCIÓN DEL VIRUS

Iván Sanz Muñoz

6. ¿Por qué en los últimos 20 años ha habido apariciones continuas de nuevos virus o reemergencias de otros? ¿Cuáles son las causas que facilitan la aparición de virus emergentes y reemergentes?

La aparición de nuevos patógenos no es una cuestión solo de los últimos 20 años, sino que ha sido la tónica general en toda la historia de la humanidad. Vivimos en un mundo en el que los seres humanos están en contacto continuo con los animales, y el 60 % de las enfermedades infecciosas humanas provienen de ellos. La deforestación, el cambio climático y la ganadería extensiva son algunos de los elementos que facilitan que los microorganismos que tienen reservorios salvajes se pongan en contacto con la especie humana, pudiendo en algunas ocasiones producir brotes como el del actual SARS-CoV-2.

7. ¿Por qué la aparición de este tipo de virus se da con más frecuencia en países como China?

China es un país en el que existen mercados tradicionales en los que se venden muchas especies diferentes de animales vivos y muertos, por lo que el contacto de la población con los posibles reservorios de nuevos virus es frecuente. En este tipo de mercados las condiciones higiénicas son, en ocasiones, deficientes y favorecen el salto de ciertos patógenos a la especie humana. Además, la ganadería extensiva de ciertas aves de granja en estos países, como los patos, favorece también el contacto de estos animales con las especies salvajes, que pueden portar algunos virus, como gripes de origen animal, y transmitirlos a los animales domésticos que están en contacto con el ser humano. Existe además en estos países un contacto muy estrecho entre los seres humanos, los animales domésticos y los salvajes.

8. ¿Cuál ha sido el origen de este nuevo coronavirus?

El SARS-CoV-2 deriva de los coronavirus bat-SL-CoVZC45 y bat-SL-CoVZXC21, procedentes de murciélagos que están emparentados con el virus que dio lugar al brote del SARS en 2002. Sin embargo, parece que puede existir un hospedador intermedio entre el murciélago y el ser humano, donde este nuevo virus se ha adaptado a nuestra especie. Por el momento, este hospedador es desconocido, y, aunque algunos investigadores apuntaron inicialmente que el pangolín era la especie intermedia más probable, las últimas publicaciones científicas muestran que esto no es correcto. La similitud genética entre el SARS-CoV-2 y los coronavirus encontrados en pangolines se daba en una región muy concreta, mientras que el resto del genoma era diferente. Otras hipótesis sugieren que el SARS-CoV-2 saltó la barrera de especie desde el murciélago hasta el ser humano directamente y, en este último, adquirió paulatinamente la capacidad de dispersarse entre nuestra especie, incluso antes del brote en el mercado de Huanan en la ciudad china de Wuhan. El origen por tanto es zoonótico y no es un producto de laboratorio.

9. ¿Qué significa que el SARS-CoV-2 sea una zoonosis?

Una zoonosis es una enfermedad infecciosa presente en animales que por diferentes mecanismos pasa a la especie humana. En el caso del SARS-CoV-2, el reservorio animal ha sido el murciélago. Según datos de la Organización Mundial de la Salud (OMS) y de la Organización Mundial de Sanidad Animal (OIE), el 75 % de los agentes patógenos causantes de enfermedades infecciosas emergentes en el ser humano son de origen animal, por

Figura 1

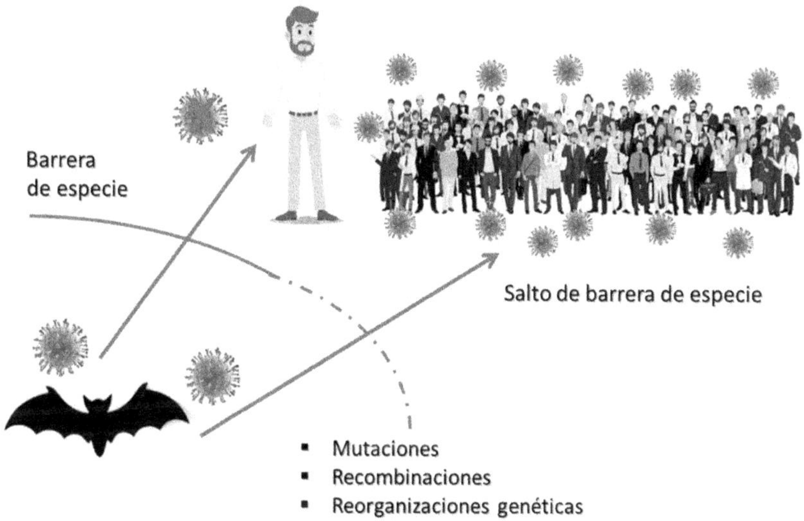

Las características genéticas de los virus que infectan a los animales impiden en la mayoría de los casos que estos pasen a la especie humana. Sin embargo, fenómenos como las mutaciones, recombinaciones y reorganizaciones genéticas pueden otorgar a estos virus la capacidad de difundirse entre los seres humanos ejemplo, el Ébola, el SIDA, la gripe, las fiebres hemorrágicas o la rabia, entre otros. Cada año se estima que aparecen de media cinco nuevas enfermedades humanas zoonóticas, de las cuales solo un pequeño número logra establecerse en nuestra especie a lo largo del tiempo. En condiciones normales, los virus zoonóticos no se transmiten a los seres humanos; pero, en ciertas ocasiones, la aparición de mutaciones, recombinaciones y reorganizaciones genéticas pueden ocasionar la aparición de características genéticas en el virus que le permite transmitirse entre personas. Esto es lo que se denomina como salto de barrera de especie.

10. ¿A qué se debe la rápida propagación de este nuevo coronavirus en el ser humano?

Independientemente de si ha existido una especie intermedia entre el murciélago y el ser humano o no, la capacidad del virus SARS-CoV-2 para propagarse rápidamente entre humanos se ha adquirido por sucesivas modificaciones genéticas del virus en el huésped secundario que han permitido que la proteína S del virus (*Spike o espícula) se una de forma eficiente a los receptores ACE2 (enzima convertidora de angiotensina 2) de las células alveolares y otras células del cuerpo. Estos factores explican la adaptación al ser humano y su rápida difusión.*

11. Los medios de comunicación dicen frecuentemente que el SARS-CoV-2 ha mutado, ¿es cierto?

Todos los organismos sufren mutaciones y los virus no son una excepción. Los virus de tipo ARN, como el actual SARS-CoV-2 y el resto de coronavirus, sufren mutaciones más frecuentemente que otros. Esto se debe a que sus polimerasas no corrigen los nucleótidos introducidos erróneamente al replicar el material genético. Esto permite al virus irse adaptándose al huésped mediante la selección genética que le impone cada sistema inmune. Es necesario poner en perspectiva que, aunque los coronavirus muten frecuentemente, estos lo hacen del orden de seis a diez veces menos que otros virus humanos, como el de la gripe o el VIH.

12. ¿Qué diferencias existen entre el brote del SARS-CoV-2 del año 2019-20 y otros brotes anteriores causados por otros coronavirus como el SARS-CoV y el MERS-CoV?

La principal diferencia es que el SARS-CoV-2 produjo un mayor número de afectados y una mayor difusión, mientras que la tasa de letalidad fue mucho menor que la mostrada por los anteriores coronavirus. El brote de SARS-CoV en 2002 causó 8422 casos y 916 muertos (10 % de mortalidad) y el brote de MERS-CoV en 2012 causó 157 casos y 66 muertos (42 % de mortalidad). Este nuevo virus produce un mayor número de casos, pero también una menor mortalidad que los anteriores brotes de coronavirus. A pesar de ello, el SARS-CoV-2 es dos o tres veces más transmisible que la gripe estacional, y de 10 a 15 veces más letal.

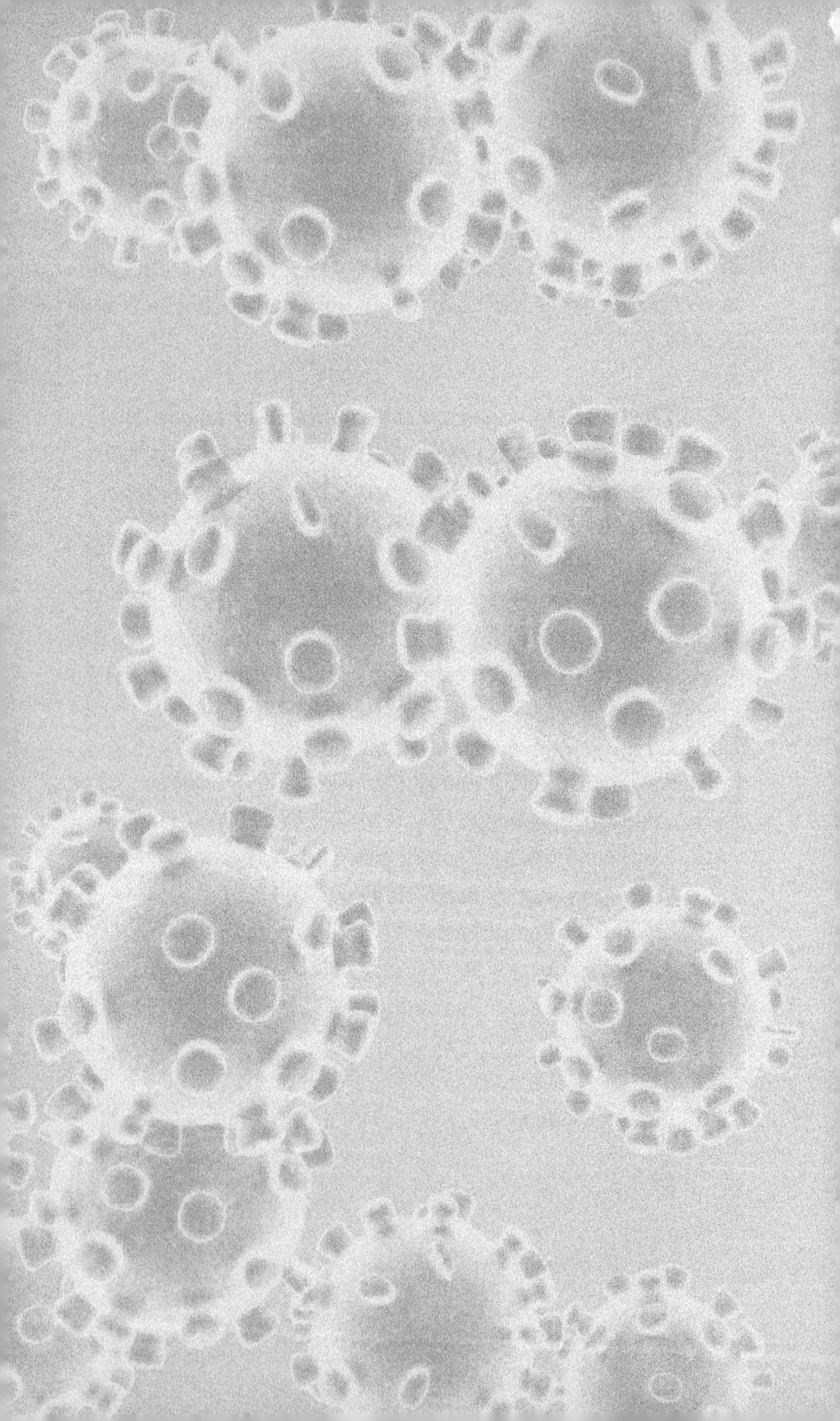

BLOQUE 3

VIGILANCIA Y EPIDEMIOLOGÍA DEL COVID-2019

Sonia Tamames Gómez

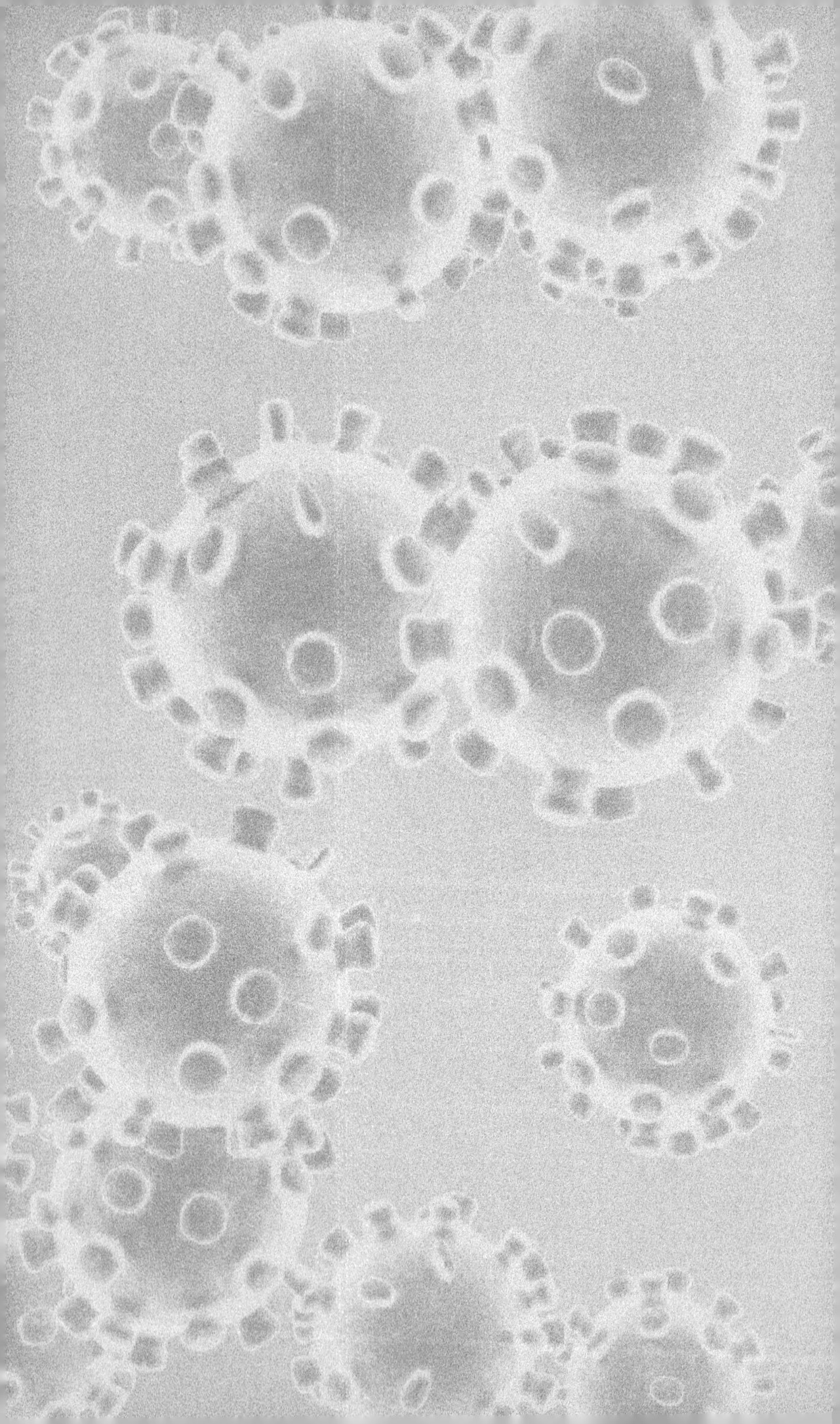

BLOQUE 3

VIGILANCIA Y EPIDEMIOLOGÍA DEL COVID-2019

Sonia Tamames Gómez

13. ¿Por qué la OMS declaró el brote de SARS-CoV-2 como pandemia el día 11 de marzo de 2020?

Una pandemia es una epidemia que ocurre en todo el mundo o, al menos, en un área muy extensa del planeta, cruzando fronteras y que afecta a un gran número de personas. Habitualmente, sucede cuando emerge un nuevo agente infeccioso, ya que toda la población es susceptible a él. El SARS-CoV-2 tiene un elevadísimo potencial pandémico, porque lo pueden transmitir personas sin síntomas o con síntomas leves, que no les impiden mantener sus contactos sociales habituales, extendiendo la infección. La OMS declaró esta emergencia como pandemia el día 11 de marzo de 2020, ya que en ese momento la dispersión de persona a persona del virus se encontraba de forma sostenida en varias regiones del mundo.

14. ¿Qué nivel de propagación está presentando el SARS-CoV-2? ¿Qué es el número reproductivo básico (R_0)?

Se estima que el R_0 del SARS-CoV-2 estaría entre 2 y 3, es decir, que habría entre 2 y 3 casos secundarios por cada caso primario en un entorno de individuos susceptibles sin medidas de control de la infección. Se trata de una transmisibilidad elevada, similar a la gripe pandémica de 1918, pero muy inferior a enfermedades como el sarampión (R0 entre 12 y 18). Una epidemia se mantiene en ascenso siempre que R0 > 1, pero en este caso no hablamos de R0 sino de Rt (número reproductivo efectivo). Una vez establecidas las medidas preventivas (higiene, aislamientos y cuarentenas, vacuna cuando exista), se pretende que la Rt sea < 1 para limitar la epidemia.

15. ¿Cuáles son las vías de transmisión del nuevo coronavirus?

El SARS-CoV-2 se transmite principalmente por contacto del virus con mucosas a través de gotas de fluidos infectados. Si las gotas son mayores de 5 micras (pflügge), no pueden permanecer en suspensión en el ambiente, por lo que es necesario tener un contacto estrecho (< 2 metros) con un infectado para adquirir la enfermedad. Además, cuando se realizan procedimientos médicos, como broncoscopias o intubaciones, se pueden generar gotas menores de 5 micras que sí permanecen en suspensión y posibilitan la transmisión aérea. Aunque no es definitivo, varias instituciones aceptan ya la posibilidad de contagio por fómites (objetos contaminados) debido a la capacidad de supervivencia del coronavirus en varias superficies.

16. ¿Puede haber transmisores asintomáticos?

Sí. El primer indicio de transmisión asintomática se detectó a principios de enero en Shenzhen (provincia de Cantón, China) en un niño de 10 años que no tenía síntomas, pero en el que el diagnóstico molecular fue positivo, por lo que se asume que podría transmitir el virus. Posteriormente, se ha constatado la transmisión asintomática por parte de **una joven de 20 años** procedente de Wuhan que visitó y contagió a su familia en Anyang (provincia de Henan, China) durante el 4° día de su periodo de incubación, que fue de 19 días en total. Actualmente, se admite la existencia de portadores asintomáticos y paucisintomáticos.

17. ¿Qué es un «superdiseminador»?

Un superdiseminador es un individuo capaz de contagiar a un elevado número de personas. El R_0 es un promedio, por lo tanto, no es homogéneo en la población; algunos individuos reúnen condiciones que elevan su número reproductivo individual (R_i): mayor excreción viral, clínica no invalidante e intensas relaciones sociales. Estos fenómenos se estudiaron durante el brote de SARS en 2003 y se ha visto que también ocurren para el SARS-CoV-2. Se han documentado algunos casos de supercontagiadores; un único paciente contagió a 43 personas en Daegu (Corea del Sur) a mediados de febrero durante una reunión de una organización religiosa. En España, durante un funeral en la localidad riojana de Haro, una sola persona contagió a más de 30 personas que acudieron al velatorio.

18. ¿Cuáles son los países que más riesgo presentan por el nuevo coronavirus?

Todos los países se enfrentan a riesgos ante una pandemia de COVID-19. El Reglamento Sanitario Internacional aprobado por la OMS en 2005, y ratificado por todos sus Estados miembros, hace especial énfasis en que el control de epidemias debe estar equilibrado para no incrementar innecesariamente los perjuicios económicos por limitaciones al tráfico de viajeros y mercancías. Sin embargo, los más damnificados serán los países en vías de desarrollo, cuyos sistemas sanitarios son más débiles y las consecuencias sanitarias serán más graves, tanto para los enfermos de COVID-19 como para otras patologías, que podrían no ser atendidas por colapso de la capacidad asistencial.

19. ¿Qué tasa de letalidad presenta el COVID-19 y por qué esta es diferente según el país y la edad de los pacientes?

La letalidad global se sitúa en torno al 3,7 %, pero varía ampliamente, desde el 3,9 % en China o el 6,6 % en Italia, hasta el 2,4 % en España. La variabilidad puede ser debida a múltiples factores; el más importante es que en áreas con recursos sanitarios saturados se contabilizan como casos los más graves, en quienes hay mayor letalidad. Esto mismo ocurrió al principio de la pandemia gripal de 2009. Otros factores que contribuyen a una mayor letalidad pueden ser del huésped (mayor edad, comorbilidades, etc.) o del patógeno (más patogenicidad cuanto más cerca del salto de especie).

20. ¿Cuánto tiempo puede permanecer viable el SARS-CoV-2 sobre una superficie?

Por el momento, se desconoce la capacidad del SARS-CoV-2 para subsistir en superficies inertes. Lo que sí se sabe es que los coronavirus en general pueden subsistir en superficies como metal, vidrio o plástico hasta 9 días, aunque depende en gran medida de las condiciones meteorológicas exteriores, como la temperatura y la humedad. Sin embargo, se pueden inactivar en un minuto de manera eficiente mediante procedimientos de desinfección de superficies con hipoclorito de sodio al 0,1 %, peróxido de hidrógeno al 0,5 % o etanol al 62-71 %.

BLOQUE 4

PATOGENIA Y SINTOMATOLOGÍA DE LA INFECCIÓN POR SARS-COV-2

Marta Domínguez-Gil González

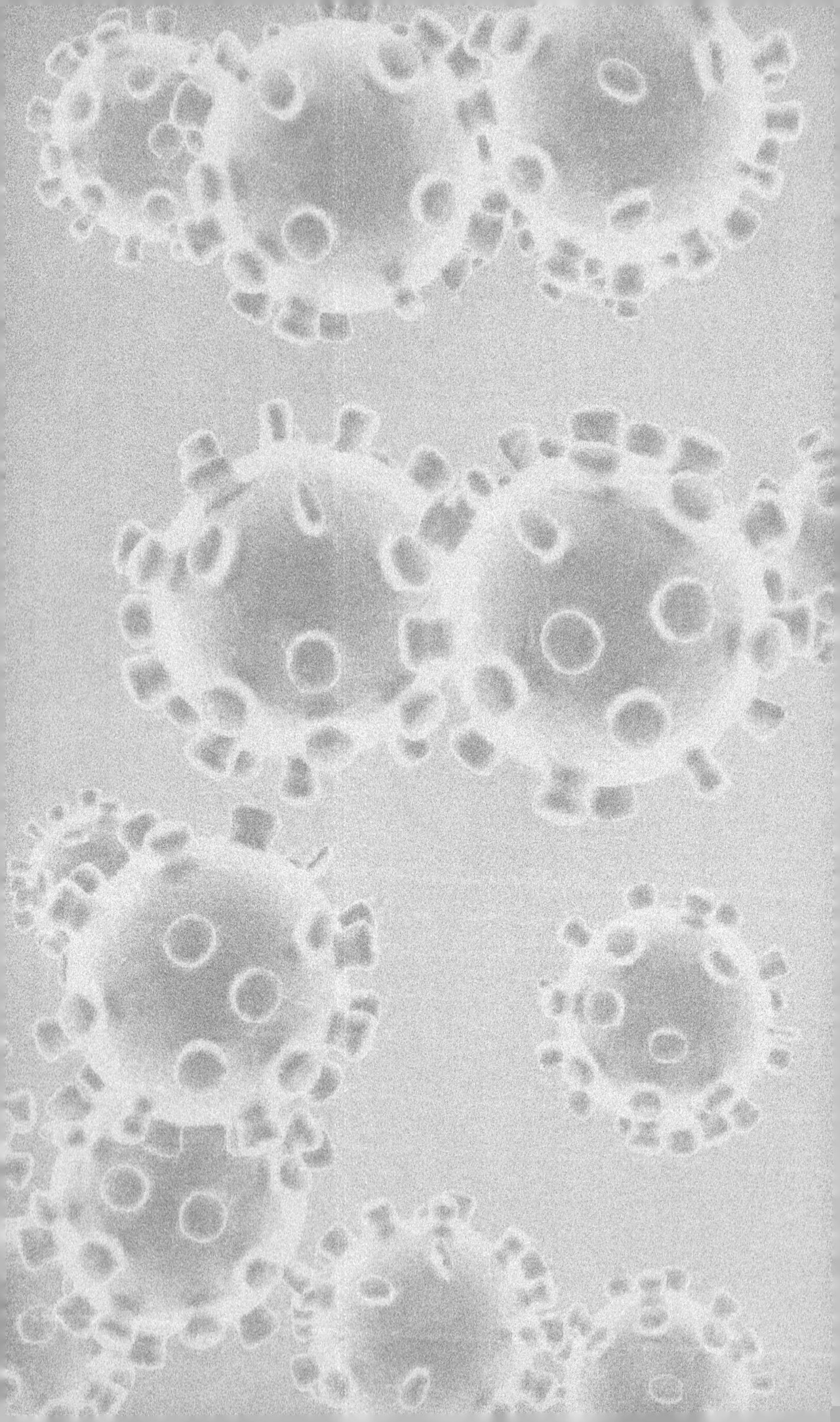

BLOQUE 4

PATOGENIA Y SINTOMATOLOGÍA DE LA INFECCIÓN POR SARS-COV-2

Marta Domínguez-Gil González

21. ¿Cuál es el periodo de incubación de la enfermedad?

Se define el periodo de incubación como el tiempo transcurrido entre la infección (contacto inicial con el virus) y la aparición de la enfermedad (sintomatología). El periodo de incubación para el SARS-CoV-2 es de unos cinco días. A pesar de esto, en el 97,5 % de los casos de infección la aparición de síntomas se da de media a los 11,5 días tras la infección.

22. ¿A partir de que día el paciente comienza a ser infeccioso?

Un individuo es infeccioso cuando es capaz de transmitir una determinada enfermedad contagiosa. Por analogía con la gripe y otros virus respiratorios (metapneumovirus, otros coronavirus, etc.), los pacientes infectados por SARS-CoV-2 son más contagiosos los 3 o 4 primeros días después del inicio de los síntomas. Se ha descrito que algunos adultos sanos pueden ser transmisores del virus un día antes de que se manifiesten los primeros síntomas, y hasta de 5 a 7 días después de contraer la enfermedad.

23. ¿Cuáles son los signos y síntomas que presenta la enfermedad producida por el COVID-19?

Los signos son los datos objetivos observables y los síntomas, los subjetivos referidos por los pacientes. Los más comunes hallados son fiebre, tos y signos y síntomas respiratorios como la sensación de falta de aire. En ocasiones, se han descrito también casos que cursan con signos y síntomas digestivos como diarrea y dolor abdominal. En casos más graves de la enfermedad, la infección puede causar neumonía, dificultad respiratoria, fallo renal, incluso, la muerte por fracaso multiorgánico. Estos casos más graves ocurren más frecuentemente en personas de edad avanzada o que padecen alguna otra enfermedad de base, como enfermedades cardiacas, pulmonares o inmunosupresiones de cualquier tipo.

24. ¿Existen signos y síntomas patognomónicos de esta enfermedad?

No. Esta patología no presenta signos o síntomas específicos, característicos o claramente diferenciadores de otras patologías infecciosas producidas por virus similares. Los síntomas más típicos como la tos, la fiebre o la disnea pueden ser confundidos con los producidos por la gripe. Es por ello que es tan importante realizar un diagnóstico de laboratorio para confirmar los casos con sospecha, sobre todo cuando circulan otros virus respiratorios que pueden causar síntomas similares.

25. ¿Qué otras enfermedades pueden confundirse con el COVID-19?

Es posible confundirlo con otros cuadros infecciosos similares como procesos respiratorios, gripales, pseudogripales, catarrales y similares (gripe, parainfluenza, metapneumovirus, bocavirus, etc.), incluso, sintomatología como la tos o la insuficiencia respiratoria (muy frecuentemente reportada en estos casos) puede ser producida por patologías no infecciosas como tumoraciones pulmonares, alérgicas (hiperreactividad bronquial), etc. Este aspecto dificulta en gran medida el diagnóstico clínico de esta enfermedad.

26. ¿Por qué la mortalidad es más elevada en pacientes mayores de 65 años y con patologías previas?

Todos estos cuadros infecciosos con componentes respiratorios y posible afectación generalizada de potencial gravedad afectan más a personas mayores o con patologías previas. La capacidad de respuesta del organismo a situaciones agudas graves o críticas para el mantenimiento de la función general, o de los diferentes órganos y sistemas, está más comprometida en estos pacientes. En estos casos, la capacidad de una respuesta más favorable a la situación de estrés o riesgo es menor y la respuesta defensiva en muchas ocasiones puede estar más limitada o comprometida. Además, factores como la inmunosenescencia en individuos mayores de 65 años hacen que su capacidad para luchar contra esta y otras infecciones sea menor que en individuos más jóvenes.

27. ¿Por qué la enfermedad no parece afectar apenas a los niños?

Al tratarse de un nuevo virus, aún no se dispone de suficiente información sobre cómo afecta SARS-CoV-2 a la población infantil para poder sacar conclusiones definitivas. De forma teórica, cualquier persona puede adquirir la infección, independientemente de su edad, pero hasta este momento se han registrado pocos casos de COVID-19 entre niños y los registrados son, en general, de escasa gravedad. La enfermedad es mortal en raras ocasiones y hasta ahora las víctimas mortales, habitualmente, han sido personas de edad avanzada o que ya padecían una enfermedad de base. Esto también es típico de enfermedades como la gripe, en la que la mayor mortalidad se da en el segmento de edad más avanzado. En el inicio del brote, no se describieron casos en población pediátrica. Posteriormente, sí se ha descrito la afectación en niños con una clínica leve o incluso ausencia de síntomas, que se han relacionado con una dinámica de transmisión intrafamiliar.

28. Tras la infección, ¿se crea inmunidad frente al virus?

La existencia reciente de esta nueva enfermedad y los datos disponibles no permiten conocer ciertos pormenores de la respuesta inmune frente al SARS-CoV-2. Por estudios recientes se deduce que la curación se acompaña de una respuesta protectora que no se sabe con certeza cuánto dura. La experiencia con otros coronavirus humanos antiguos mostraría un escenario en el que un individuo podría infectarse varias veces a lo largo de su vida, así que podríamos estar ante un virus que genera una inmunidad transitoria, de la que no sabemos cuánto duraría la protección. Lo que sí parece existir es una respuesta inmune humoral temprana, pudiéndose detectar anticuerpos en pacientes infectados entre los seis y doce días desde el inicio de los síntomas.

29. Tras la curación, ¿los pacientes pueden seguir siendo infecciosos?

Algunos estudios realizados en China con un bajo número de pacientes con clínica leve y moderada han mostrado que, tras la mejoría de los síntomas, en el diagnóstico molecular de las muestras respiratorias se sigue detectando material genético del SARS-CoV-2 durante al menos dos semanas. Sin embargo, estos investigadores también demostraron que el virus parece estar en tan baja carga viral que no fueron capaces de hacerlo crecer en cultivos celulares realizados en el laboratorio, al menos a partir de muestras respiratorias. A pesar de esto, durante este periodo de convalecencia el paciente no parece ser infeccioso.

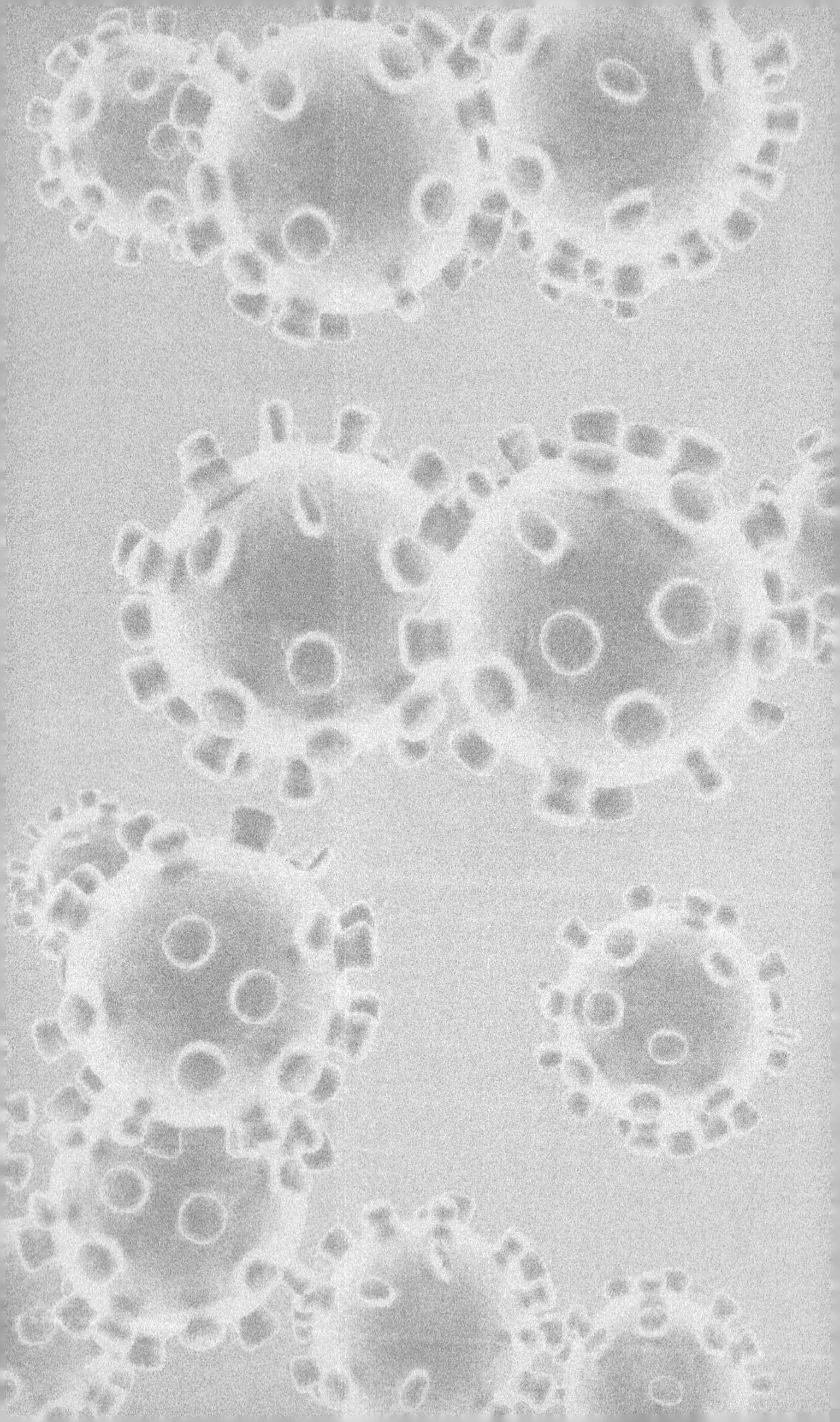

BLOQUE 5

DIAGNÓSTICO MICROBIOLÓGICO DEL NUEVO SARS-COV-2

Marta Domínguez-Gil González

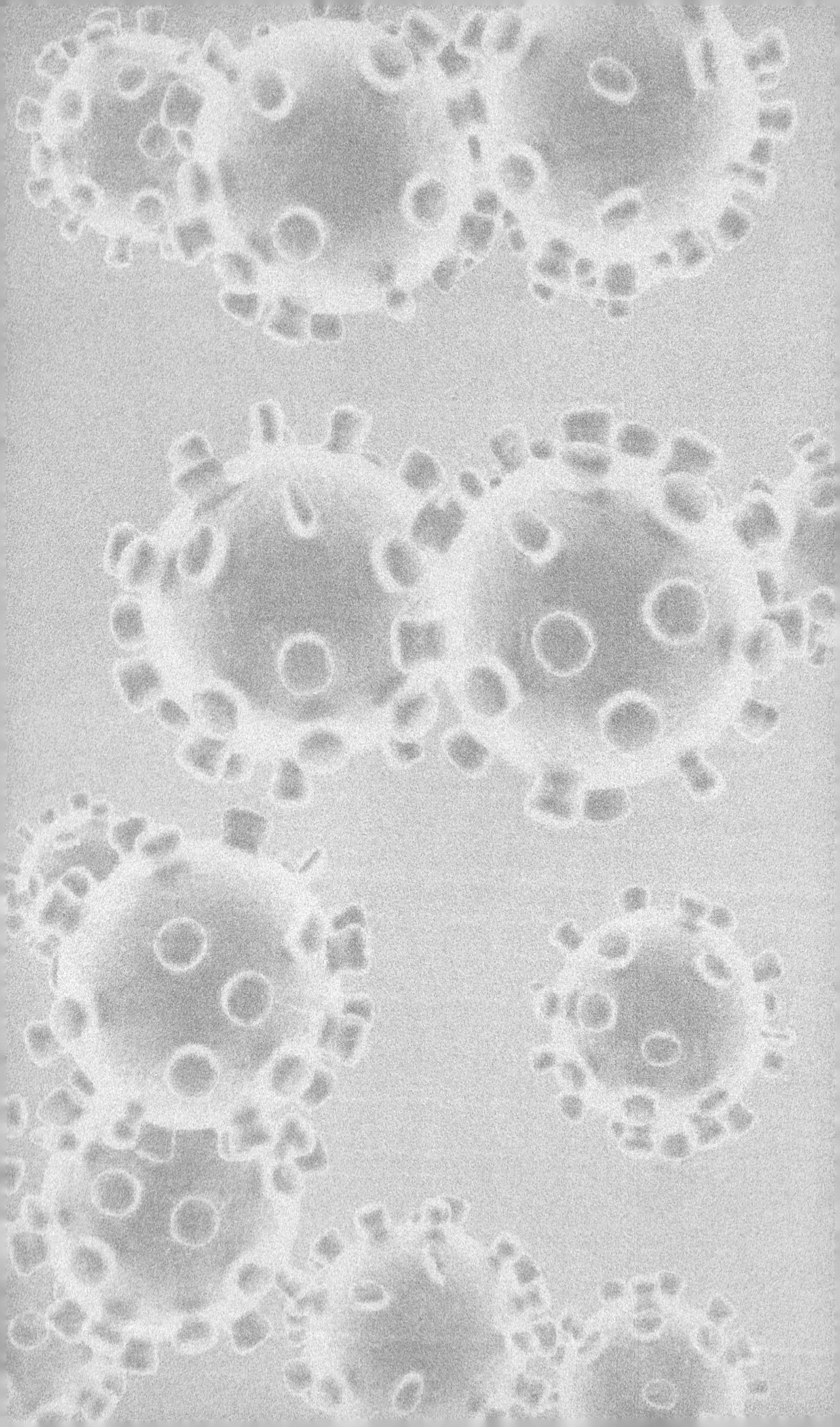

BLOQUE 5

DIAGNÓSTICO MICROBIOLÓGICO DEL NUEVO SARS-COV-2

Silvia Rojo Rello

30. ¿Cuáles son los métodos más útiles para diagnosticar el SARS-CoV-2 en el laboratorio?

Los métodos que se utilizan para realizar el diagnóstico de este nuevo coronavirus se fundamentan en técnicas moleculares. Desde la secuenciación del genoma del virus a principios del mes de enero de 2020, se han desarrollado diversas técnicas de amplificación de ácidos nucleicos, tanto de genes comunes a otros coronavirus como genes específicos del SARS-CoV-2.

31. ¿Por qué es necesario utilizar controles positivos y negativos en el diagnóstico molecular, sobre todo cuando existen pocos casos o se realiza el cribado de pacientes de la comunidad?

La necesidad de utilizar controles en las técnicas moleculares radica en la comprobación y validación del método que se utiliza. La optimización de las pruebas puede ser, en un principio, complicado. En las fases iniciales del diagnóstico de un nuevo microorganismo, la baja prevalencia en ciertas áreas o el desconocimiento de la propagación del virus, incluyendo la variabilidad en la patología que puede ocasionar, hace imprescindible la utilización de controles en las reacciones para asegurar que el método utilizado funciona correctamente.

32. ¿Ha de ser inactivada la muestra cuando se va a trabajar con ella para su diagnóstico?

En la fase inicial del proceso diagnóstico del SARS-CoV-2 se realiza una extracción de su material genético (ARN) tras romperse o «lisarse» el virus. De esta manera, el virus queda inactivado y, posteriormente, se trabaja únicamente con su material genético. Existe tecnología automatizada para la realización de esta primera fase, que permite un manejo de la muestra en condiciones de bioseguridad para que el personal evite al máximo los riesgos de exposición. Si no se dispone de estos métodos automatizados, es conveniente inactivar la muestra antes de su manejo utilizando compuestos como el Trizol.

33. ¿Qué condiciones de bioseguridad debe tener un laboratorio para manejar una muestra sospechosa de infección por SARS-CoV-2? ¿Y para su cultivo?

La OMS apunta que las muestras preparadas para las pruebas moleculares pueden manipularse igual que las muestras de casos sospechosos de gripe humana o de otros virus respiratorios que afecten al ser humano, es decir, un laboratorio catalogado como BSL-2 (laboratorio de bioseguridad tipo 2) con personal experimentado en técnicas microbiológicas y de seguridad pertinentes y cabinas de seguridad biológica, etc. Para la realización del cultivo viral del SARS-CoV-2 es necesario un nivel de bioseguridad superior en el laboratorio, BSL-3 (laboratorio de bioseguridad tipo 3), donde se pone un mayor énfasis en las barreras primarias (manipulaciones en equipos cerrados) y secundarias (requisitos de ventilación, acceso controlado al laboratorio, etc.) para proteger al personal que trabaje en el diagnóstico del virus y a aquellos localizados en áreas contiguas.

34. ¿Qué tipo de muestras son válidas para realizar la identificación microbiológica del nuevo coronavirus en los pacientes infectados?

Las muestras más útiles son las muestras respiratorias, tanto de vía aérea superior como inferior, es decir, el frotis faríngeo, nasofaríngeo y el lavado nasofaríngeo en niños, como muestras de tracto respiratorio superior, y el aspirado traqueal broncoaspirado y lavado broncoalveolar, en cuanto al inferior. Existen otro tipo de muestras, como suero, orina y heces que pueden servir para conocer la respuesta inmune mediada por anticuerpos o la excreción viral del nuevo coronavirus.

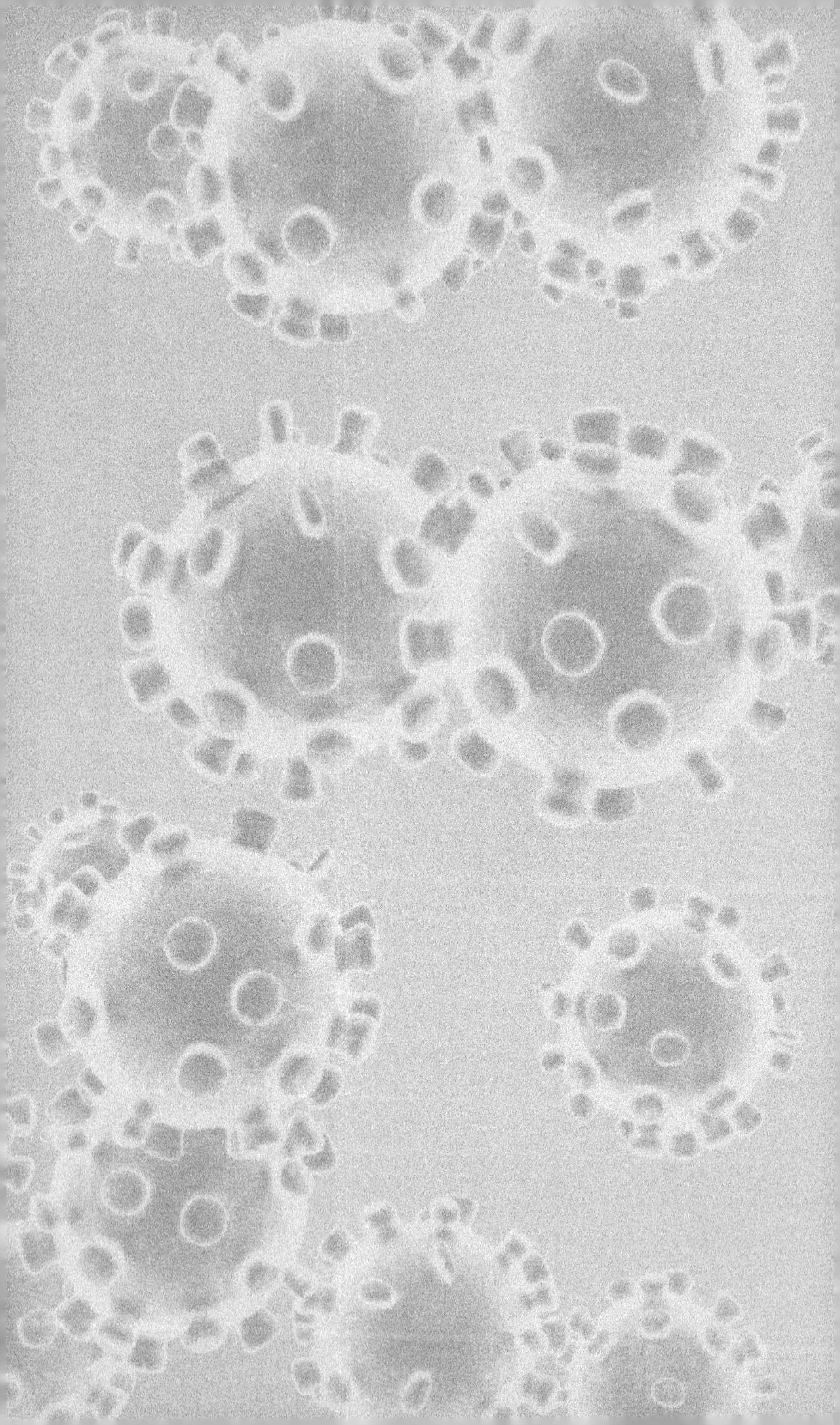

BLOQUE 6

MANEJO Y TRATAMIENTO DE LOS ENFERMOS

José Javier Castrodeza Sanz y Virginia Fernández Espinilla

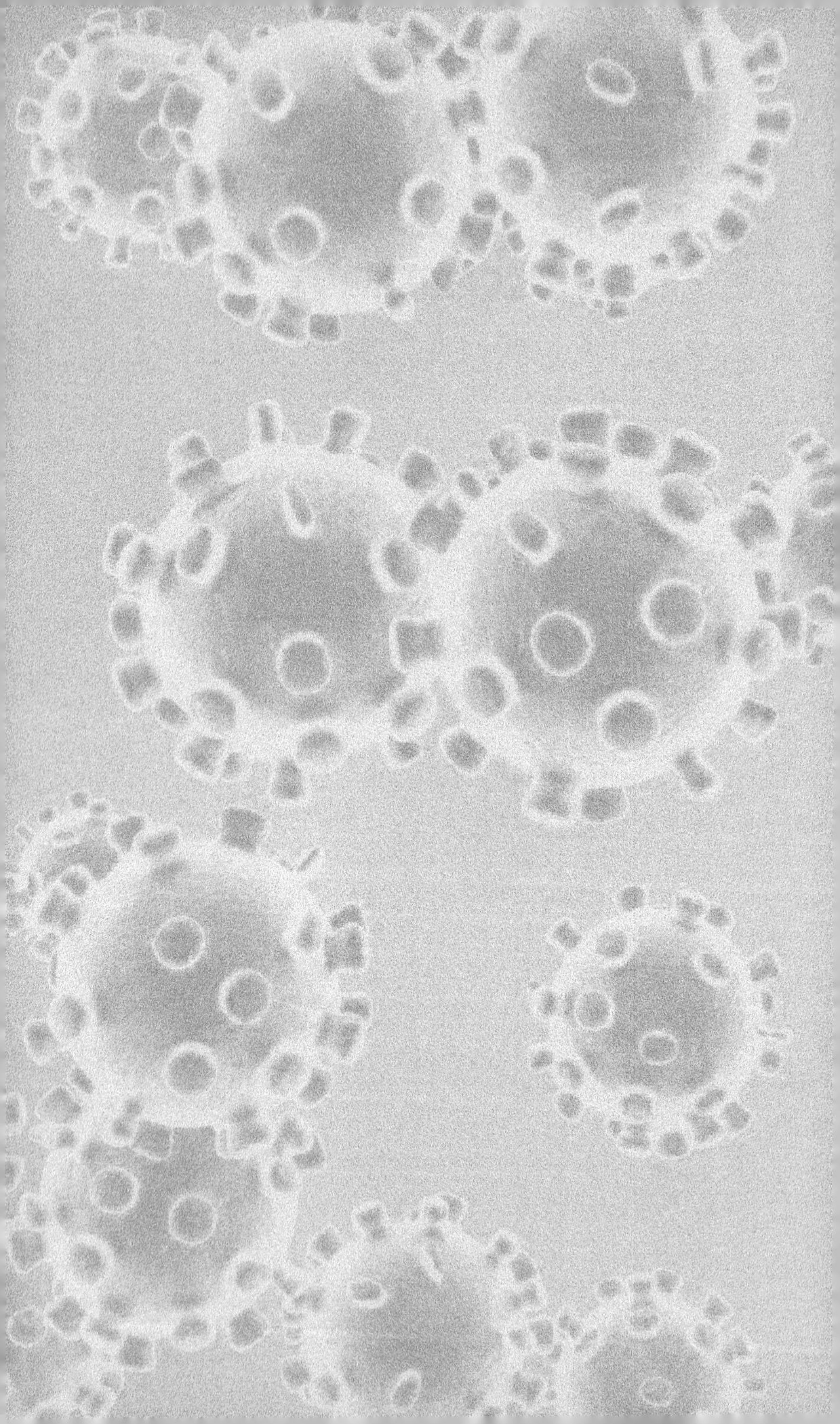

BLOQUE 6

MANEJO Y TRATAMIENTO DE LOS ENFERMOS

José Javier Castrodeza Sanz
y Virginia Fernández Espinilla

35. ¿Cuáles son los criterios clínicos y epidemiológicos para determinar si un caso es sospechoso?

Los criterios clínicos, epidemiológicos y de laboratorio son definidos por el Ministerio de Sanidad. Esta información podrá evolucionar en función de la nueva información disponible. Se considerarán casos en investigación por SARS-CoV-2 los que cumplan alguno de los siguientes criterios:

A. Cualquier persona con un cuadro clínico compatible con infección respiratoria aguda (inicio súbito de cualquiera de los siguientes síntomas: tos, fiebre, disnea) de cualquier gravedad.

Y

Si en los 14 días previos al inicio de los síntomas, la persona cumple cualquiera de los siguientes criterios epidemiológicos:

1. Historia de viaje a áreas con evidencia de transmisión comunitaria. Las áreas consideradas actualmente se pueden consultar en el siguiente enlace: **https://www.mscbs.gob.es/profesionales/saludPublica/ccayes/alertasActual/nCovChina/home.htm**

2. Historia de contacto estrecho con un caso probable o confirmado.

B. Cualquier persona que se encuentre hospitalizada por una infección respiratoria aguda con criterios de gravedad (neumonía, síndrome de distrés respiratorio agudo, fallo multiorgánico, shock séptico, ingreso en UCI o fallecimiento) en la que se hayan descartado otras posibles etiologías infecciosas que puedan justificar el cuadro (resultados negativos como mínimo para Panel Multiplex de Virus Respiratorios, incluyendo gripe).

A efectos de la definición de caso, se clasifica como contacto estrecho:

- Cualquier persona que haya proporcionado cuidados a un caso probable o confirmado mientras este presentaba síntomas: trabajadores sanitarios que no han utilizado las medidas de protección adecuadas, miembros familiares o personas que tengan otro tipo de contacto físico similar.
- Cualquier persona que haya estado en el mismo lugar que un caso probable o confirmado mientras este presentaba síntomas, a una distancia menor de 2 metros (por ejemplo, convivientes, visitas).
- Se considera contacto estrecho en un avión, a los pasajeros situados en un radio de dos asientos alrededor de un caso probable o confirmado mientras este presentaba síntomas y a la tripulación que haya tenido contacto con dichos casos.

36. ¿Se debe realizar aislamiento hospitalario a todos los pacientes, incluso a los leves?

Los pacientes con sintomatología leve, ausencia de criterio de gravedad y de factores de vulnerabilidad previos para padecer enfermedad grave no precisarán aislamiento hospitalario y se le enviará a su domicilio con medidas terapéuticas pertinentes y medidas de aislamiento domiciliario, con documentos de recomendaciones de protección en el domicilio. Desde Atención Primaria/Emergencias se contactará con el paciente para el seguimiento y el resultado.

37. ¿Cuáles son los mejores consejos para aquellos pacientes que requieran aislamiento domiciliario?

- El paciente deberá permanecer en una estancia o habitación de uso individual con la puerta cerrada hasta la finalización del aislamiento. En caso de que sea imprescindible ir a las zonas comunes del domicilio, deberá utilizar mascarilla quirúrgica y realizar higiene de manos al salir de la habitación. Se mantendrán bien ventiladas las zonas comunes. Puede comunicarse a través de un intercomunicador o el móvil. En el interior de la estancia o de la habitación deberá colocarse un cubo de basura, con tapa de apertura de pedal, y en su interior una bolsa de plástico que cierre herméticamente para los residuos. Deberá disponer de un baño para uso exclusivo del paciente o, en su defecto, deberá ser limpiado con lejía doméstica tras uso.

- Los miembros de la familia y convivientes deben permanecer en una habitación diferente, teniendo el mínimo contacto con el caso. Evitar el contacto directo con los fluidos corporales, especialmente los orales o secreciones respiratorias, y heces. No se deben compartir objetos de uso personal, como cepillos de dientes, vasos, platos, cubiertos, toallas, etcétera.

- El paciente debe lavarse las manos con frecuencia con agua y jabón, especialmente después de toser o estornudar o manipular pañuelos que haya usado para cubrirse al toser. También puede utilizar soluciones hidroalcohólicas si las tuviera disponibles.

- Todos los convivientes deben lavarse las manos con agua y jabón o solución hidroalcohólica después de cualquier contacto con el enfermo o su entorno inmediato.

- Si el caso en investigación es una madre lactante, debe llevar una mascarilla cuando esté cerca de su bebé y realizar una cuidadosa higiene de manos antes del contacto cercano con el bebé.

- Se informará a los miembros de la familia y convivientes de que, si el paciente es un caso en investigación y se convierte en un caso confirmado, serán considerados contactos.

- Los miembros de la familia, convivientes y personas encargadas de los cuidados realizarán autovigilancia de la aparición de síntomas de infección respiratoria aguda, como fiebre, tos, dolor de garganta, dificultad para respirar; consultando si aparecieran los síntomas con los servicios de salud.

38. ¿Cuál es el tratamiento que se debe realizar a los pacientes afectados por COVID-19?

No existe un tratamiento específico para el nuevo coronavirus. No obstante, esta información podría cambiar rápidamente debido a los resultados de varios ensayos clínicos en marcha. Existen varios tratamientos para el control de sus síntomas. El tratamiento varía en función de la gravedad del paciente. Desde los analgésicos habituales (paracetamol o ibuprofeno) para las infecciones leves, al manejo conservador de fluidos, oxigenoterapia para mantener la saturación de oxígeno > 92 % en la infección grave de vías respiratorias bajas. Los antibióticos, en principio, no están indicados a no ser que se sospeche neumonía bacteriana o sobreinfección. Los corticoides sistémicos no están recomendados de forma general. Se puede valorar en casos de síndrome de distrés respiratorio agudo (SDRA), shock séptico, encefalitis, síndrome hemofagocítico y cuando exista un broncoespasmo franco con sibilancias. Se debe valorar el ingreso en UCI si el paciente tiene una infección de las vías bajas con criterios de gravedad o con manifestaciones extrapulmonares asociadas a cuadros graves o presenta un deterioro progresivo.

39. ¿Cuáles son las medidas de soporte?

La situación clínica del paciente debe ser monitorizada de manera continua. Si se detectan criterios de gravedad, se valorará la necesidad de ingreso en una UCI. En pacientes con insuficiencia respiratoria debe iniciarse oxigenoterapia suplementaria con una mascarilla con filtro de exhalado, si es posible, ajustando el flujo hasta alcanzar una saturación de oxígeno capilar adecuada a la edad y estado del paciente. Si fuera necesario, se recomienda la administración de broncodilatadores en cartucho presurizado asociado a cámara espaciadora para evitar la generación de aerosoles. En caso de emplear broncodilatadores en aerosol se recomienda una habitación con presión negativa.

Deberá realizarse un manejo conservador de la fluidoterapia en pacientes con insuficiencia respiratoria aguda cuando no exista evidencia de shock, ya que una reanimación agresiva con fluidos podría empeorar la oxigenación. No deben administrarse de forma rutinaria corticoides sistémicos para el tratamiento de la neumonía viral, a no ser que estos estén indicados por alguna otra razón. Si se sospecha sobreinfección bacteriana, iniciar tratamiento antibiótico seleccionándolo en función de la comorbilidad del paciente, su situación clínica y la epidemiología local.

40. ¿Existen antivirales específicos frente al nuevo coronavirus?

No se conoce un tratamiento eficaz y seguro. Existen varios ensayos clínicos en marcha que evalúan diferentes antivirales, pero aún sin resultados porque unos acaban de comenzar y otros están en fase de diseño. Se muestran a continuación algunos ejemplos de otros antivirales cuyo efecto para tratar el SARS-CoV-2 se está analizando:

Inhibidores de la neuraminidasa: Oseltamivir en el momento actual no está recomendado, salvo en coinfección con gripe (el coronavirus no posee enzima neuraminidasa). Ganciclovir y Aciclovir no deben utilizarse rutinariamente.

Lopinavir/ritonavir: requiere previa firma del consentimiento informado por el paciente. Descartar infección por el VIH. Los preparados comerciales son:

- KALETRA: comprimidos recubiertos 200/50 mg, 100/25 mg.

- KALETRA: solución oral 80 mg/20 mg/mL.
- LOPINAVIR/RITONAVIR ACCORD: comprimidos recubiertos con película 200 mg/50 mg.

Remdesivir: requiere previa firma del consentimiento informado por el paciente. Solicitar a la AEMPS como uso compasivo.

Interferón β1b: requiere previa firma del consentimiento informado por el paciente. Los preparados comerciales son:

- BETAFERON: solución inyectable 250 mcg/mL.
- EXTAVIA: polvo y disolvente para solución inyectable 250 mcg/mL.

Interferón α-2b: Requiere previa firma del consentimiento informado por el paciente. El preparado comercial es INTRONA solución inyectable o para perfusión 10 M UI. En España, no está comercializada ninguna presentación de interferón alfa (INF-α) inhalada.

41. ¿Sirven de algo los antivirales ya existentes frente al COVID-19?

Hasta el momento no se tienen datos de la eficacia clínica del uso de antivirales ya existentes frente al SARS-CoV-2. La Comisión Nacional de Salud de la República Popular de China en sus directrices de tratamiento está suministrando como terapia antiviral el Interferón-α inhalado (cinco millones dos veces al día) y la combinación de lopinavir/ritonavir (400 mg/100 mg dos veces al día). El remdesivir se está considerando como un medicamento de uso potencial para el tratamiento de 2019-nCoV. En la actualidad, se está desarrollado un protocolo de investigación clínica controlada y aleatorizada para la evaluación de su eficacia en pacientes con infección por SARS-CoV-2 y ya se encuentra registrado (SARS-CoV-2 leve a moderado: NCT04252664; SARS-CoV-2 grave: NCT04257656).

Los anticuerpos monoclonales como el Tocilizumab (que está dirigido contra el receptor de la IL-6, aprobado para el tratamiento de la artritis reumatoide [AR]) tienen un buen valor terapéutico para las infecciones virales y podrían llegar a ser medicamentos útiles. Algunos inhibidores de la JAK-1/AAK-1 pueden tener una acción combinada antiviral y antinflamatoria, potencialmente útil para casos graves. Datos preliminares sugieren que el uso de suero de pacientes convalecientes (sueroterapia) podrían tener utilidad para el tratamiento de pacientes graves. Otros medicamentos han mostrado efectividad *in vitro* frente al SARS-CoV-2 como el péptido de fusión (EK1), el abidol (inhibidor de la quinasa), los inhibidores de la síntesis de ARN (como el TDF, 3TC), y algunos grupos de antiinflamatorios. Sin embargo, no existen ensayos clínicos que lo confirmen.

42. ¿Se deben utilizar antibióticos?

En principio, los antibióticos no están recomendados, aunque en función de la clínica, la analítica o los resultados microbiológicos podrían estar indicados, especialmente en casos en investigación graves en los que no se pueda descartar otra etiología, sepsis asociada o sospecha de sobreinfección bacteriana (de acuerdo a las guías de cada hospital y de acuerdo a la procedencia del paciente y su correspondiente mapa de resistencia antibiótica).

Si hay sospecha de sobreinfección bacteriana (leucocitosis y elevación de proteína C reactiva o procalcitonina), se debe iniciar antibioterapia con amoxicilina-clavulánico intravenoso. Se debe recoger estudio microbiológico siempre que sea posible antes del inicio y no olvidar suspender o desescalar según los resultados. Si hay sospecha de sepsis y shock séptico, se empleará antibioterapia intravenosa empírica según la clínica, edad y características del paciente, siendo fundamental en este caso que se administre en la primera hora o cuanto antes sea posible.

BLOQUE 7

MANEJO DE LA EPIDEMIA, INVESTIGACIÓN Y PERSPECTIVAS DE FUTURO

Raúl Ortiz de Lejarazu Leonardo

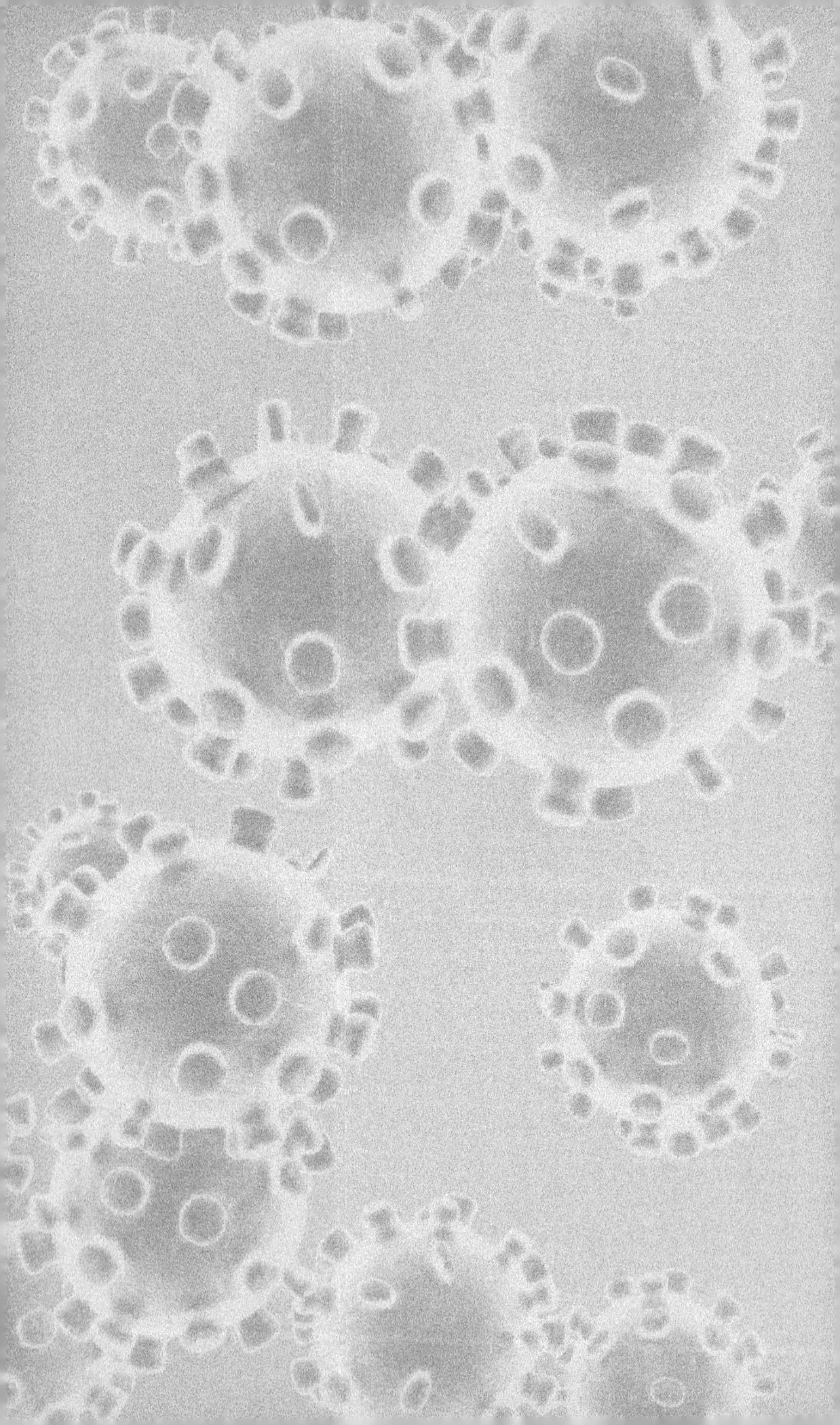

BLOQUE 7

MANEJO DE LA EPIDEMIA, INVESTIGACIÓN Y PERSPECTIVAS DE FUTURO

Raúl Ortiz de Lejarazu Leonardo

43. *¿Cuáles son las razones por las que la Organización Mundial de la Salud (OMS) ha declarado el brote del SARS-CoV-2 como PHEIC (emergencia sanitaria de preocupación internacional)?*

La OMS hace una declaración de emergencia sanitaria de preocupación internacional (*Public Health Emergency of International Concern*) cuando ocurre un evento extraordinario que constituye un riesgo para la salud pública a nivel mundial, que requiere de una respuesta internacional coordinada. Las PHEIC han sido declaradas ante situaciones graves, repentinas, inusuales o inesperadas, con implicaciones para la salud pública que trascienden del estado implicado y puedan precisar de una acción internacional inmediata. Aunque la OMS no tiene poder ejecutivo, los países tienen el deber legal de responder con rapidez a una declaración de emergencia internacional.

Las razones de la declaración como PHEIC del brote de SARS-CoV-2 del año 2019 las decidió un comité de expertos que tuvo que apreciar y sopesarlas según el apartado anterior, cumpliéndose una por una: virus nuevo, difusión internacional rápida, necesidad de contención coordinada, etc. Dichas razones son similares a las que obligaron al comité de emergencia de expertos internacionales a declarar una situación sanitaria similar en la pandemia de gripe H1N1 (2009), la poliomielitis (2014), el Ébola en África occidental (2014), la epidemia de virus Zika (2015-2016), la epidemia de Ébola Kivu (2018–19) y, desde el 30 de enero de 2020, la epidemia de SARS-CoV-2.

44. ¿Qué riesgo tienen los sanitarios de infectarse por el nuevo coronavirus? ¿Y la población?

El riesgo de infección a los sanitarios depende del sitio de desempeño de su trabajo. Los más expuestos son los que tienen contacto directo con los pacientes en los servicios de Urgencia, UVI o UCI, especialmente los que intervienen en maniobras de resucitación respiratoria, intubación, etc., en las que se producen aerosoles y gotas y requieren de la proximidad del sanitario a < 1 m de distancia. Los equipos de protección individual (EPIs), guantes y batas desechables, equipos de protección ocular, mascarillas, etc., utilizados apropiadamente permiten trabajar con total seguridad. La población general tiene un riesgo mínimo de infectarse si utiliza las normas de higiene y protección aconsejadas. Dicho riesgo puede incrementarse en caso de una elevada tasa de infección entre la población de una zona determinada por la existencia de portadores asintomáticos o, incluso, por superdiseminadores.

45. ¿Se está haciendo todo lo posible para evitar la propagación del nuevo coronavirus? ¿Está España preparada?

Nunca en la historia de las epidemias por virus respiratorios, incluida la pandemia de gripe A de 2009, se había movilizado tal batería de medidas de contención y mitigación. Las infecciones respiratorias son las más difíciles de controlar y lo que explica las medidas adoptadas de limitación o cancelación de eventos multitudinarios. En una revisión de FORBES de 2019 sobre países mejor y peor preparados ante una pandemia, encabezada por EEUU, Reino Unido y Holanda, España figura en el decimoquinto puesto de 193. Hacer todo lo posible en cada momento es muy difícil a nivel internacional y nacional sin la colaboración ciudadana. La responsabilidad individual coordinada desde las autoridades sanitarias es fundamental.

46. ¿Cuáles son las mejores medidas para evitar la propagación del virus? ¿El aislamiento domiciliario es efectivo?

Las medidas clásicas de propagación de un virus respiratorio han cambiado muy poco. Los tres pilares básicos para evitarla son: diagnóstico e identificación precoz de los casos; atención, tratamiento y aislamiento; por último, trazabilidad, vigilancia y seguimiento de contactos. Adicionalmente y dependiendo de la tasa de infección, limitación de eventos multitudinarios o el aislamiento responsable y voluntario de las personas infectadas que tengan un cuadro leve o moderado son medidas que mitigan la transmisión, aunque altera la actividad social.

47. ¿Debe estar asustada la población española frente a una eventual aparición de casos confirmados en nuestro país?

La aparición de casos nuevos confirmados constituye la evolución natural de un brote epidémico en una infección respiratoria como la actual. En ese sentido, la población española no debe afrontar con miedo dicha situación y debe aprovechar la preocupación natural que genera la nueva situación para seguir civilizadamente las instrucciones sanitarias que comuniquen los órganos competentes.

48. ¿Cuándo podría estar disponible una vacuna frente al nuevo coronavirus? ¿A qué se debe que se tarde tanto en producir una nueva vacuna?

Los diferentes organismos sanitarios internacionales estiman en 12-18 meses el tiempo necesario para disponer de una vacuna frente al SARS-CoV-2. Hay distintas plataformas para la elaboración de vacunas con variadas tecnologías, subunidades proteicas, vectores virales, vacunas ADN, atenuadas por deleción del gen E, etc. Sin embargo, es necesario probar dosis inmunizante, protección y sobre todo seguridad, que es la principal cualidad de las vacunas y ello requiere de ensayos de fase II y III que llevan tiempo para reclutar individuos y obtener resultados. Por último, la producción y administración de la vacuna requerirá de estrategias adicionales.

49. ¿Existen otras vacunas ya disponibles que ayuden a luchar contra el nuevo coronavirus?

No, en la actualidad, no hay ninguna disponible. Autores americanos han comunicado que, durante el SARS, se pasó de la obtención de la secuencia genética del SARS-CoV a un ensayo clínico de fase I de una vacuna ADN en 20 meses, desde entonces se ha acortado ese cronograma a 3,25 meses para otras enfermedades virales. En el SARS-CoV-2 esperan trabajar más rápido, utilizando la tecnología de vacunas de ARN mensajero.

50. ¿Cuáles son los posibles escenarios que se pueden presentar en el actual brote del nuevo coronavirus?

La única forma de encarar una emergencia como la de COVID-19 es admitir la realidad en cada momento, aprender de pasadas experiencias y actuar en consecuencia. El número de casos aumentará hasta que las medidas de mitigación, aislamiento y distanciamiento social no consigan el objetivo de ganar tiempo a la extensión del brote y, en el escenario más favorable, disminuir el R_0 a menos de 1, lo que haría una inflexión en la epidemia. En el actual escenario, la diseminación global parece inevitable. La estacionalización de un virus respiratorio tarda tiempo en producirse. Sin embargo, el aumento de radiación violeta solar y menor factor de agregación, que puede ocurrir en primavera y verano, no impidió la difusión mundial del virus de la gripe A en 2009, aunque pueda retrasarla. Por último, con algunos coronavirus, como el del SARS, se ha producido su extinción biológica en el ser humano por diversos factores relacionados con la biología del virus y su replicación a través de largas cadenas de transmisión.

INFORMACIÓN SOBRE LA RESPONSABILIDAD SOCIAL CORPORATIVA DE AMAZING BOOKS

https://amazingbooks.es/editorial-ecosostenible

Responsabilidad Social Corporativa: para la edición de nuestras publicaciones se ha utilizado papel libre de cloro de acuerdo con los criterios medioambientales para el tratamiento de papel de forma sostenible, Amazing Books publica sus libros promoviendo la excelencia medioambiental y utilizando procesos que sean eco sostenibles respetando el medio ambiente. Amazing Books adquiere el compromiso de reciclar el stock sobrante de todas las ediciones que publica.

Papel con certificación PEFC

Compromiso de reciclaje

www.ingramcontent.com/pod-product-compliance
Ingram Content Group UK Ltd.
Pitfield, Milton Keynes, MK11 3LW, UK
UKHW021232031026
15588UKWH00001B/41